电力“反违章 防事故”手册

防高处坠落

北京中电方大科技股份有限公司　组编

编写人员

王军芳　郭起行　李越冰　秦　玥　吴桐国　吴思雨
陈锦富　雷梓淇　邵　波　金天寅　周大勇　邓畅宇
陆春晖　赵瑞刚　王华倩　罗少云　邓俊宇　雷梓萌
黄克勤　邱　建　赵　蕾　付凯朋　王会宇

中国电力出版社
CHINA ELECTRIC POWER PRESS

内 容 提 要

《图说电力“反违章 防事故”手册》以漫画形式表现了电力企业生产过程中，由于《安规》执行不到位、安全措施不落实、反违章意识不强、人员作业行为不规范等原因导致的生产安全事故，用简洁明了的语言、幽默风趣的漫画，使读者在阅读的同时，生动直观地认知违章危害、深究违章原因、学习规范作业、强化反违章意识。

《图说电力“反违章 防事故”手册》分为六个分册。本书是《防高处坠落》分册，书中共列举了35个电力企业作业中的常见违章点。

本书适合电力生产一线人员学习使用，可作为电力工作者学习安全知识、了解安全规定、提高防范能力、强化反违章意识的学习材料，是电力企业开展“安全生产月”学习活动的理想用书。

图书在版编目（CIP）数据

图说电力“反违章 防事故”手册．防高处坠落 / 北京中电方大科技股份有限公司组编．— 北京：中国电力出版社，2023.5（2025.4重印）
ISBN 978-7-5198-7790-3

Ⅰ．①图… Ⅱ．①北… Ⅲ．①电力工业－安全生产－手册②电力工业－高空作业－安全技术－手册 Ⅳ．①TM08-62

中国国家版本馆CIP数据核字(2023)第076811号

出版发行：中国电力出版社
地　　址：北京市东城区北京站西街19号（邮政编码100005）
网　　址：http://www.cepp.sgcc.com.cn
责任编辑：孙　芳（010-63412381）
责任校对：朱丽芳
装帧设计：沈阳红石榴文化传媒有限公司
责任印制：吴　迪

印　　刷：北京九天鸿程印刷有限责任公司
版　　次：2023年5月第一版
印　　次：2025年4月北京第三次印刷
开　　本：787毫米×1092毫米 24开本
印　　张：3.25
字　　数：41千字
印　　数：3001—4000册
定　　价：35.00元

前言

电力生产的客观规律和电力在国民经济中的特殊地位，决定了电力生产必须树立以人为本，坚持人民至上、生命至上的安全生产理念，坚持“安全第一、预防为主、综合治理”的安全生产方针。电力生产具有生产环节多、现场带电设备多、交叉作业多的特点。在电力企业，有95%以上的生产安全事故，是由违章引发的。因此，要有效地预防生产安全事故，就必须遏制违章。

为帮助广大电力生产相关人员提高对安全作业的重视，加深对反违章的理解，发挥事故案例警示教育在反违章工作中的作用，特编写《图说电力“反违章 防事故”手册》，丛书分为防车辆伤害，防触电，防火防爆、防中毒和窒息，防高处坠落，防起重伤害，防物体打击和机械伤害六个分册。

本书是《图说电力“反违章 防事故”手册》的《防高处坠落》分册，书中列举了35个常见违章点。针对每个违章点，列举一个违章案例，通过文字对违章表现进行描述，配以漫画对违章现场进行还原；对每个违章案例，提出了违章依据，配以漫画对规范作业现场进行展示。本书图文并茂，具有语言简洁明了、漫画生动直观的特点。所述违章案例贴近一线、结合实际、类型丰富，配图生动形象、如临现场，力图达到企业全员珍爱自己和他人的生命，自己不发生违章，又要及时纠正他人发生的违章，从源头上控制生产安全事故发生的目的。

由于编者水平有限，书中的疏漏和差错在所难免，欢迎各位读者批评指正。

编者

2023年4月

目录

违章点 1 搭设脚手架未填写脚手架委托单

◎ 违章表现

脚手架搭建前，填写脚手架委托单是为了统一安排搭建，通过委托单明确脚手架的用途及相关要求。否则会使搭设人员对脚手架规格和技术要求不清楚，可能造成搭设的脚手架不合格。

◎ 违章现场

◎ 依据

《安规》规定：脚手架的搭建，应由使用方的工作负责人提出并填写脚手架委托单送有关部门统一安排搭建。

◎ 规范作业

违章点 2 指定无特种作业操作证的人员进行脚手架搭设

◎ 违章表现

使用无特种作业操作证人员进行脚手架搭设。班长违章指挥，指定无证人员搭设脚手架，违反法律法规和规程，无证人员没有经过相关培训考试，不清楚搭设作业的安全技术要求，可能会发生脚手架不合格或作业不规范导致人身伤害事故。

◎ 违章现场

◎ 依据

《安规》规定：搭拆脚手架必须在专人的统一指挥下，由持有“特种作业操作证”的专业架子工进行，上岗人员应定期进行体检，严禁无证上岗作业。

◎ 规范作业

违章点 3 脚手架搭设时不使用安全带

◎ 违章表现

脚手架搭设工作属于高处作业，作业过程中不系安全带，造成高处坠落的人身伤害。

◎ 违章现场

◎ 依据

《电力建设安全工作规程 第1部分：火力发电》规定：搭设脚手架时作业人员应挂好安全带，穿防滑鞋，递杆、撑杆作业人员应密切配合。脚手架搭、拆作业人员应无妨碍所从事工作的生理缺陷和禁忌证。非专业工种人员不得搭、拆脚手架。

◎ 规范作业

违章点 4 使用不合格的脚手架材料

◎ 违章表现

脚手架钢管腐蚀严重，脚手架钢管存在着弯曲、孔洞，钢管扣件存在裂缝等，不能保证脚手架的质量，造成脚手架坍塌事故。

◎ 违章现场

◎ 依据

《安规》规定：搭设脚手架禁止使用弯曲、压扁、有裂缝的钢管。严禁使用有硬伤（硬弯、砸扁等）及严重锈蚀的钢管。钢管应平直，平直度允许偏差为管长的1/500；两端面应平整，不应有斜口、毛口，严禁不同外径的钢管混用。

◎ 规范作业

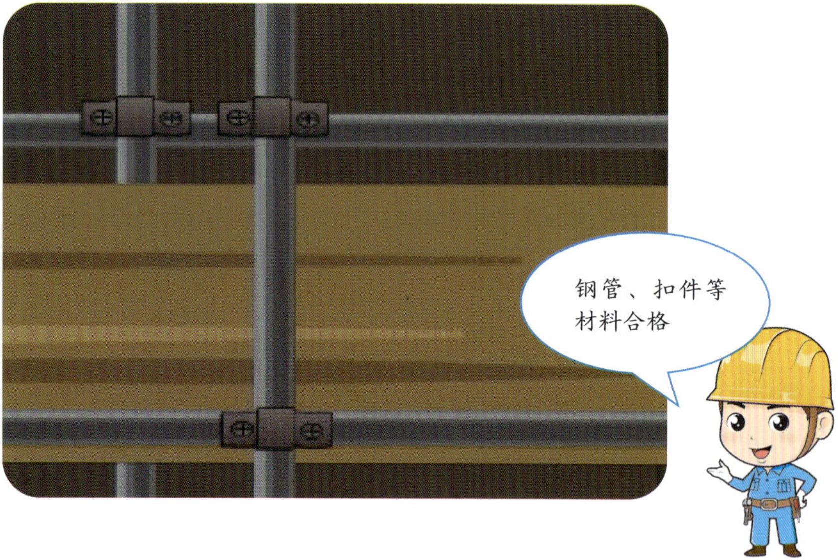

违章点 5 脚手架搭设完成后未按规定验收

◎ 违章表现

搭设脚手架完成后没有按要求组织验收：没有按验收检查表逐项检查就签名；安监人员未到场，负责人代签字。如脚手架搭设有缺陷或漏洞，验收过程没有起到监督的作用，不能保证脚手架合格。

◎ 违章现场

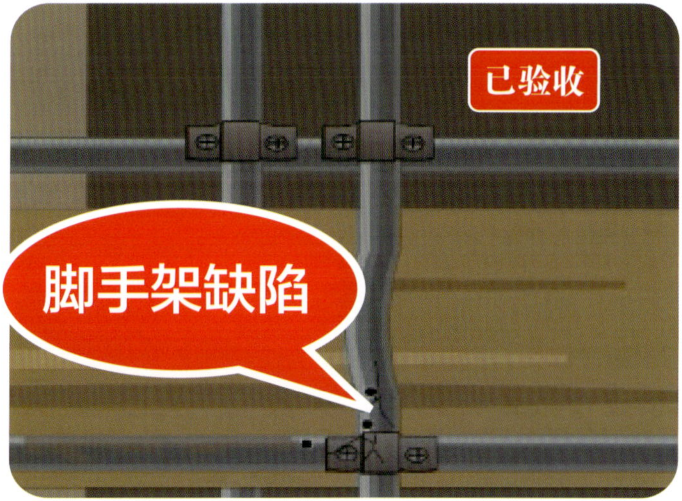

◎ 依据

《安规》规定：搭设好的脚手架，未经有资质的人员验收不得擅自使用。

◎ 规范作业

《安规》规定：验收必须由使用部门负责人、使用工作负责人、脚手架搭建负责人和安监部门有关人员共同进行。

违章点 6 脚手架质量不合格

◎ 违章表现

脚手架搭设处地基不稳固，脚手架板没有铺满，未搭设挡脚板，脚手架板未绑扎固定；爬梯不合格；立杆不垂直；纵、横向水平杆对接接头设在同步、同跨内；这些违章容易造成人员坠落、脚手架坍塌等事故。

◎ 违章现场

◎ 依据

《建筑施工扣件式钢管脚手架安全技术规范》（JGJ 130）规定：当使用冲压钢板脚手板、木脚手板、竹穿片脚板时，纵向水平杆应作为横向水平杆的支座。

◎ 规范作业

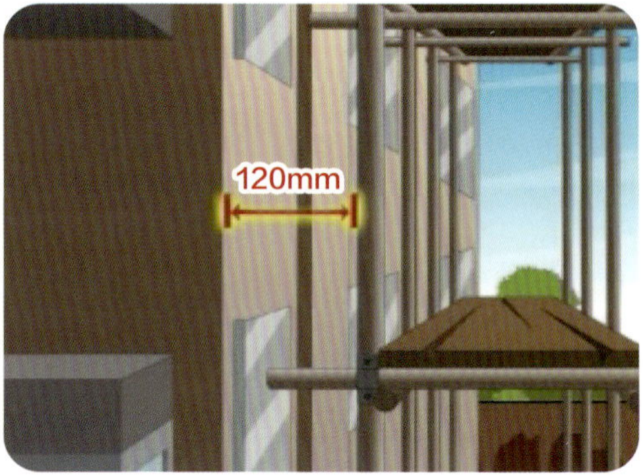

该规范同时规定：作业层脚手板应铺满、铺稳，离开墙面120~150mm。

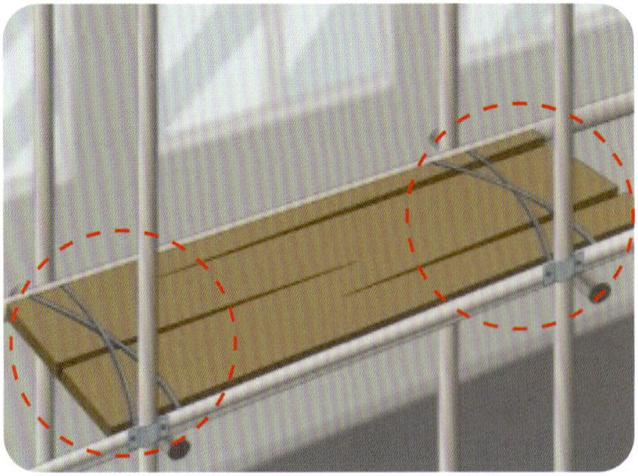

《安规》规定：脚手板和脚手架相互间应连接牢固。

违章点 7 使用脚手架前未进行检查

◎ 违章表现

使用脚手架前未进行检查，未发现脚手架的缺陷，如脚手架板没有铺满，探头板过长，爬梯不合格，脚手架杆立杆横杆搭设错误等，造成高处坠落人身伤害事故。

◎ 违章现场

◎ 依据

《安规》规定：使用的工作负责人每天上脚手架前，必须进行脚手架整体检查，并在合格牌上签名。

◎ 规范作业

违章点 8 攀爬脚手架的梯子时手拿工具或器材

◎ 违章表现

攀爬脚手架的梯子时手拿工具或器材，引发身体失衡，发生高处坠落事故。

◎ 违章现场

◎ 依据

《安规》规定：脚手架应搭建牢固的梯子，以便工作人员上下。《电力建设安全工作规程 第1部分：火力发电》（DL 5009.1）规定：严禁手拿工具或器材上下梯子；在梯子上作业应备工具袋。

◎ 规范作业

违章点 9 在脚手架上作业未使用安全带

◎ 违章表现

脚手架上工作容易出现走空、踩空等事件，如不使用安全带，则可能发生高处坠落、人身伤害事故。

◎ 违章现场

◎ 依据

《安规》规定：在没有脚手架或者在没有栏杆的脚手架上工作，高度超过1.5m时，必须使用安全带，或采取其他可靠的安全措施。

◎ 规范作业

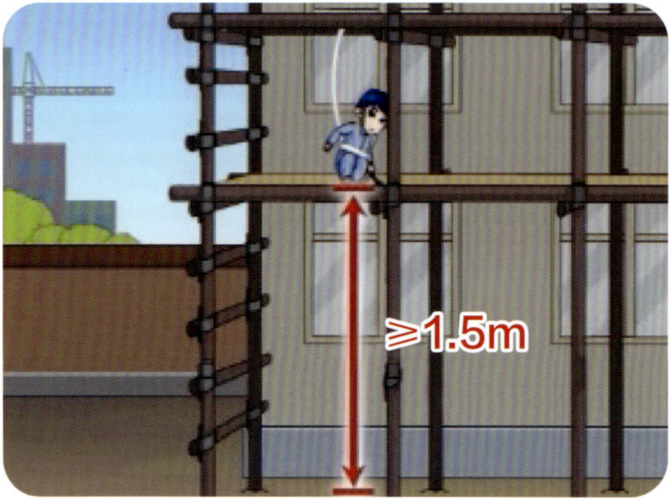

违章点 10 作业人员未通过专用爬梯上下脚手架

◎ 违章表现

作业人员图方便，未通过专用爬梯，而通过立杆上下脚手架，造成坠落伤害事故。

◎ 违章现场

◎ 依据

《安规》规定：上下脚手架应使用斜道或梯子，不得借助脚手立杆、栏杆或构筑物等攀爬。

◎ 规范作业

违章点 11 在工作过程中随意改变脚手架的结构

◎ 违章表现

在工作过程中，改变脚手架的结构，减弱其承重能力和稳定性，造成脚手架坍塌事故。

◎ 违章现场

◎ 依据

《安规》规定：在工作过程中，不准随意改变脚手架的结构，有必要时，必须经过技术负责人员的同意。

◎ 规范作业

违章点 12 未办理工作联系单就到生产区域进行检修作业

◎ 违章表现

未办理工作联系单，布置工作任务时，未同时交代安全措施，导致作业人员对工作任务及要求、工作地点危险因素不清楚，发生事故。

◎ 违章现场

◎ 依据

《安规》规定：严禁采取口头联系的方式在生产区域进行工作。凡在生产区域进行不需要办理工作票的工作，必须填写生产区域工作联系单或生产区域外包工作联系单，由分管该工作区域的运行值班人员履行许可、终结手续，并记录备案。

◎ 规范作业

违章点 13 使用的梯子端头无防滑装置

◎ 违章表现

使用的梯子端头无橡胶套、橡胶布等防滑装置，导致梯子不稳、滑倒，造成人员伤害事故。

◎ 违章现场

◎ 依据

《安规》规定：在工作前须把梯子安置稳固，不可使其动摇或倾斜过度。在水泥或光滑坚硬的地面上使用梯子时，须用绳索将梯子下端与固定物缚住。

◎ 规范作业

违章点 14 梯子与地面的斜角过大

◎ 违章表现

梯子与地面的斜角过大，接近于垂直，导致梯子重心偏移而倾覆，造成人员人身伤害。

◎ 违章现场

◎ 依据

《安规》规定：在梯子上工作时，梯子与地面的倾斜角度为60° 左右。工作人员必须登在距梯顶不少于1m的梯蹬上工作。

◎ 规范作业

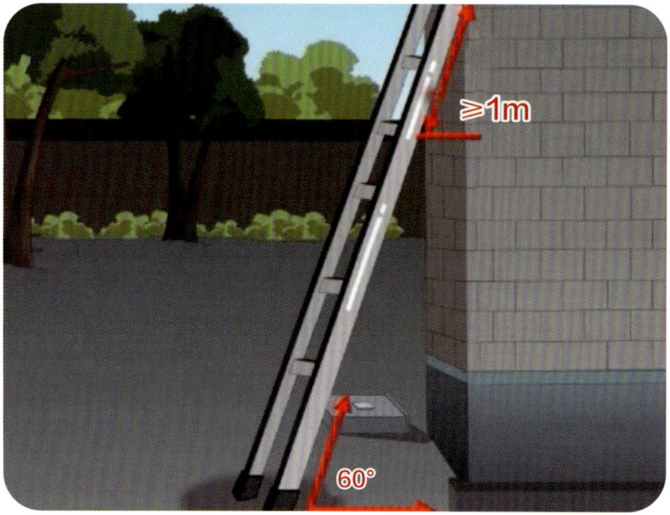

违章点 15 在梯子上作业时下方无人扶持

◎ 违章表现

在梯子上进行高处作业时，下面无人扶持，或扶梯人员给取工具期间，因作业时梯子会有一定晃动，梯子不稳定造成人员人身伤害。

◎ 违章现场

◎ 依据

《安规》规定：若已采用防滑、防倾倒措施仍不能使梯子稳固，可派人扶着，以防梯子下端滑动，但必须做好防止落物打伤下方人员的安全措施。

◎ 规范作业

违章点 16 在梯子上作业时上下抛掷物件

◎ 违章表现

在梯子上作业，上下抛掷物件，物件传递中，因用力过猛、接收不稳，出现物体掉落或人员重心失衡，造成人身伤害。

◎ 违章现场

◎ 依据

《安规》规定：在梯子上工作时宜使用有盖工具袋；物件应用绳子传递，不准梯上、梯下互相抛递。

◎ 规范作业

违章点 17 在梯子上作业时不戴安全帽

◎ 违章表现

在梯子上作业不戴安全帽，造成头部碰撞，或意外坠落时头部着地造成损伤。

◎ 违章现场

◎ 依据

《安规》规定：任何人进入生产现场（办公室、控制室、值班室和检修班组室除外），必须正确佩戴安全帽。

◎ 规范作业

违章点 18 在梯子上登高作业没有佩戴安全带

◎ 违章表现

在梯子上登高作业没有佩戴安全带，发生高处坠落伤害。

◎ 违章现场

◎ 依据

《安规》规定：在没有脚手架或者在没有栏杆的脚手架上工作，高度超过1.5m时，必须使用安全带，或采取其他可靠的安全措施。

◎ 规范作业

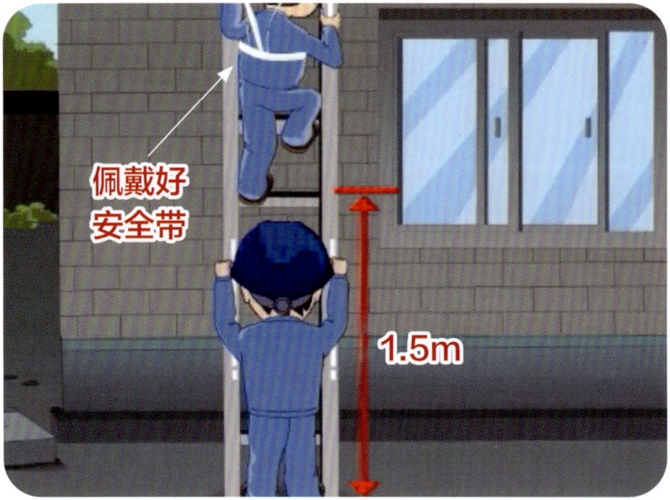

违章点 19 班前会未对高处作业危险点进行分析和布置

◎ 违章表现

班前会未进行作业危险点分析预控，导致作业人员对现场危害因素认识不够，发生意外事故。

◎ 违章现场

◎ 依据

《安规》规定：开工前，结合当班运行方式和工作任务，做好危险点分析、布置安全措施、交代安全注意事项等工作。

◎ 规范作业

违章点 20 安全带、安全绳使用前不检查

◎ 违章表现

安全带、安全绳使用前不检查，不能发现安全带的缺陷，造成人员高处坠落。

◎ 违章现场

◎ 依据

《安规》规定：安全带在使用前应进行外观目测检查，检查绳索无脆裂断股现象、皮带各部接扣及铆接处完整牢固。每6个月进行一次静荷重试验，以225kg重物悬吊5min，检查无损伤或局部延伸现象。

◎ 规范作业

违章点 21 进入高处清扫作业现场未正确戴安全帽

◎ 违章表现

清扫工作时未戴安全帽，造成高处落物伤人或意外坠落时头部磕碰事故。

◎ 违章现场

◎ 依据

《安规》规定：任何人进入生产现场（办公室、控制室、值班室和检修班组室除外），必须正确佩戴安全帽。

◎ 规范作业

违章点 22 高处作业不使用安全带或安全带未挂在牢固的构件上

◎ 违章表现

高处作业不使用安全带或安全带未挂在牢固的构件上（其中栏杆等不牢固构件不能作为安全带的固定点），且作业过程中随意摘除安全带却未做任何防护措施，使安全带失去防护作用，造成高处坠落事故。

◎ 违章现场

◎ 依据

《安规》规定：安全带的挂钩或绳子应挂在结实牢固的构件上，或专为挂安全带用的钢丝绳上。禁止挂在移动或不牢固的物件上。

◎ 规范作业

违章点 23 高处作业休息时倚坐栏杆

◎ 违章表现

栏杆不具备休息平台的安全保护功能，作业休息时倚坐栏杆造成人员高处坠落事故。

◎ 违章现场

◎ 依据

《安规》规定：禁止在栏杆上、管道上、靠背轮上、安全罩上或运行中设备的轴承上行走和坐立，如必须在管道上坐立才能工作时，必须做好安全措施。

◎ 规范作业

违章点 24 高处作业未设围栏和安全警示标志

◎ 违章表现

高处作业地点的下方未设置围栏和警示标志，导致落物伤人。

◎ 违章现场

◎ 依据

《安规》规定：高处作业地点的下方应设置隔离区（装设围栏），并设置明显的警告标志，防止落物伤人。在进行高处工作时，除有关人员外，不准他人在工作地点的下面通行或逗留。如在格栅式的平台上工作，应采取防止工具和器材掉落的措施。

◎ 规范作业

违章点 25 高处作业未采取防止坠落的措施

◎ 违章表现

高处作业未采取防止坠落的措施，造成人员高处坠落伤害事故。

◎ 违章现场

◎ 依据

《安规》规定：凡在离地面1.5m及以上的地点进行的工作，都应视作高处作业，应按照《安规》的规定执行。凡能在地面上预先做好的工作，都必须在地面上做，尽量减少高处作业。高处作业均须先搭建脚手架或采取防止坠落的措施，方可进行。

◎ 规范作业

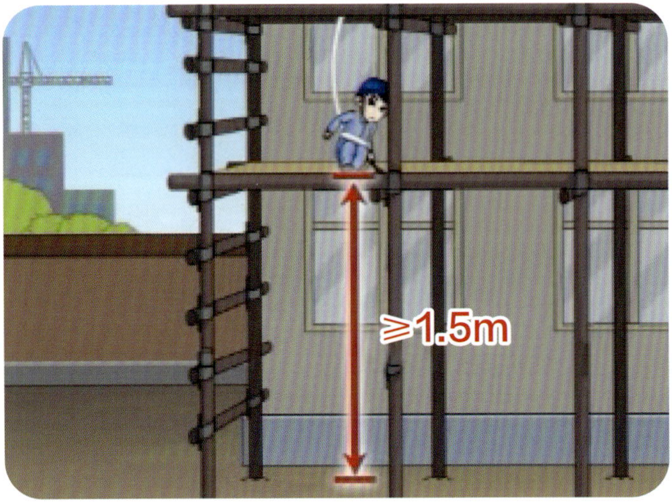

违章点 26 登高车辆未定期进行检验

◎ 违章表现

登高车辆属于涉及生命安全、危险性较大的特种设备，如果不进行定期检验，则其中的缺陷不易察觉，使用未经检验或者不合格的登高车辆，给登高作业造成较大的安全隐患，造成人身伤害和设备损坏。

◎ 违章现场

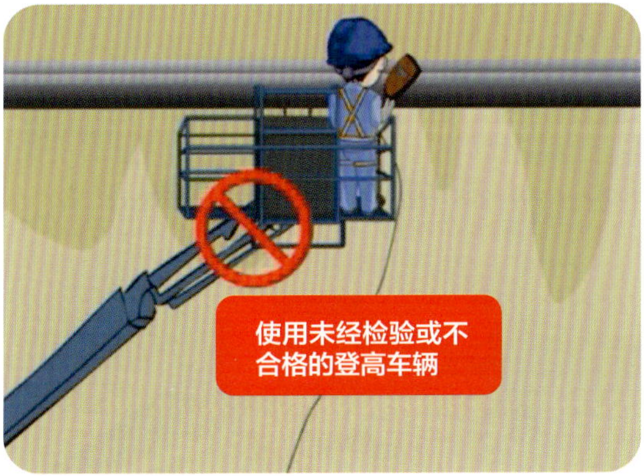

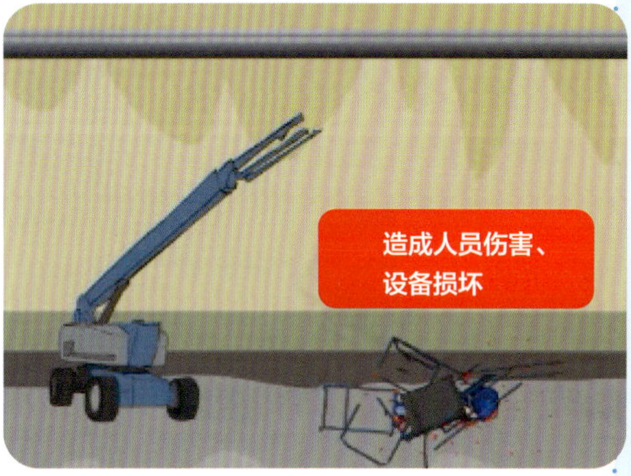

◎ 依据

《中华人民共和国特种设备监察条例》规定：特种设备出现故障或者发生异常情况，使用单位应当对其进行全面检查，消除事故隐患后，方可重新投入使用。

◎ 规范作业

违章点 27 无特种车辆操作证人员擅自操作特种车辆

◎ 违章表现

特种车辆的原理、结构及操作较为复杂，无证擅自操作，造成损坏特种车辆高处坠落等事故。

◎ 违章现场

◎ 依据

《中华人民共和国特种设备监察条例》规定：场（厂）内专用机动车辆的作业人员及其相关管理人员（以下统称特种设备作业人员），应当按照国家有关规定经特种设备安全技术监督管理部门考核合格，取得国家统一格式的特种作业人员证书，方可从事相应的作业或者管理工作。

◎ 规范作业

违章点 28 高处作业焊接时，没有防止焊渣飞溅、掉落引起火灾的措施

◎ 违章表现

作业现场使用的特种设备（升降平台）存在漏油，在焊接过程中金属焊渣会四处飞溅和掉落，这些温度很高的焊渣飞溅到或掉落到易燃物和漏油处会引起燃烧，发生火灾。

◎ 违章现场

◎ 依据

《安规》规定：进行焊接工作时，必须设有防止金属熔渣飞溅、掉落引起火灾的措施以及防止烫伤、触电、爆炸等事故发生。

◎ 规范作业

违章点 29 高处焊接时在管道上坐立工作

◎ 违章表现

在管道上坐立工作，临空一面没有设安全网或防护栏杆时，则存在坠落的可能。工作人员在工作中如因身体不适、不小心、受到外界干扰或者管道突然断裂都可能会发生高处坠落而造成伤害，坐在管道上工作还有触电的危险。

◎ 违章现场

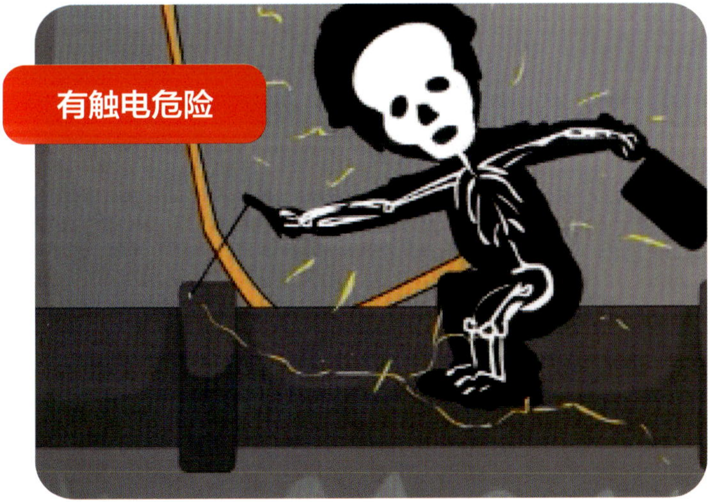

◎ 依据

《安规》规定：禁止在栏杆上、管道上、靠背轮上、安全罩上或运行中设备的轴承上行走和坐立，如必须在管道上坐立才能工作时，必须做好安全措施。

◎ 规范作业

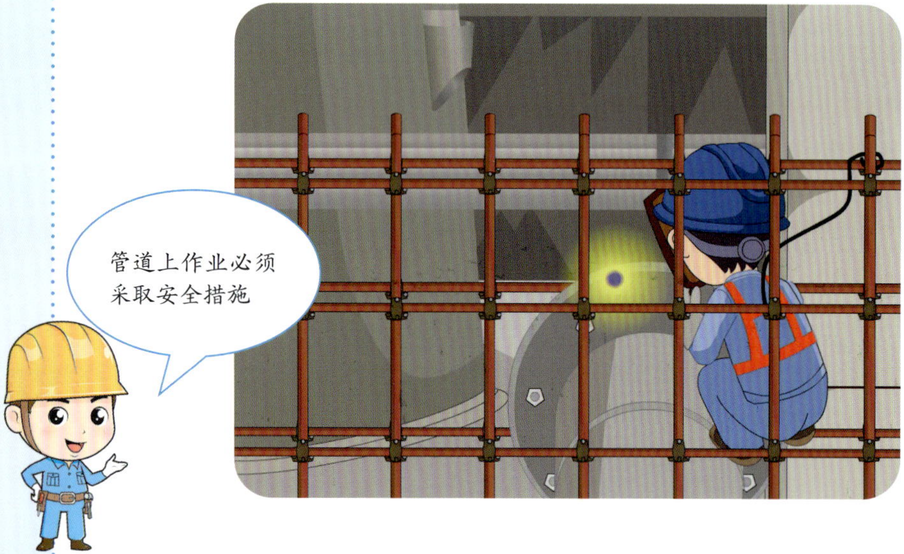

违章点 30 高处作业时安全带低挂高用，安全带挂在移动或不牢固的物件上

◎ 违章表现

作业时，安全带低挂高用，安全带挂在移动或不牢固的物件上，悬挂处的物件不牢固、易断裂，则人员坠落时安全带可能因承受不了作业人员的重量而破损、脱落，发生作业人员坠落伤害。安全带低挂高用的情况下发生掉落，安全带也不能有效起到保护作用。另外将安全带挂在移动的物体上，可能因物体移动造成作业人员跟随移动发生危险。

◎ 违章现场

◎ 依据

《安规》规定：高处作业人员必须使用安全带（绳），使用前应检查完好，并定期进行静荷重试验。安全带（绳）应挂在牢固的构件上或挂安全带专用的钢架或钢丝绳上，不得低挂高用，禁止系挂在移动或不牢固的物件上。

◎ 规范作业

违章点 31 室外爬梯超过2.4m未设置防护笼

◎ 违章表现

室外爬梯超过2.4m未设置防护笼，加大人员爬梯时发生高坠事故的可能性或加重伤害程度。

◎ 违章现场

◎ 依据

《安规》规定：厂房外墙和烟囱等处固定的爬梯，必须牢固可靠，2.4m以上部分应设有护圈，高100m以上的爬梯，中间应设有休息的平台，并应定期进行检查和维护。上爬梯必须逐档检查爬梯是否牢固，上下爬梯时手必须抓牢梯档，不准两手同时抓一个梯档。

◎ 规范作业

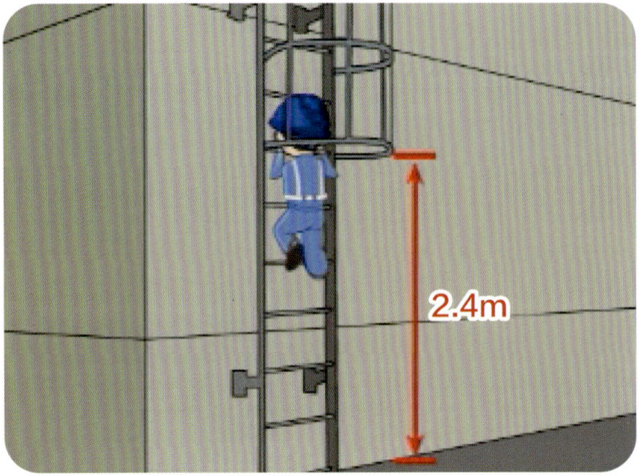

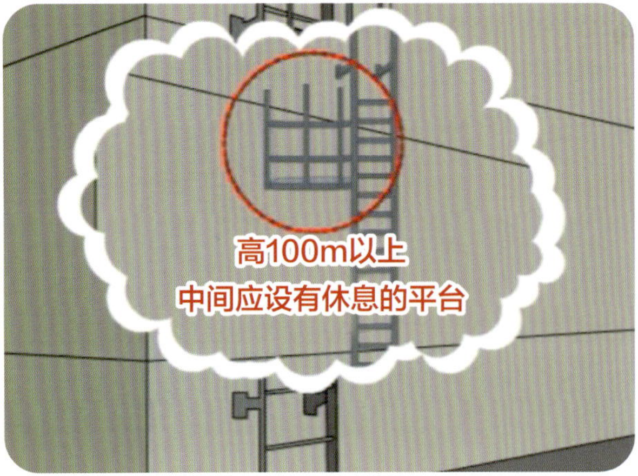

违章点 32 爬梯最下端距地面距离不合格

◎ 违章表现

爬梯最下端距地面距离不合格，不便于作业人员上下爬梯，且在上下过程中易发生人身伤害。

◎ 违章现场

◎ 依据

《固定式钢直梯安全技术条件》（GB 4053.1）规定：无基础的钢直梯，至少焊两对支撑，支撑竖向间距不宜大于3000mm，最下端的踏棍距基准面距离不宜大于450mm。

◎ 规范作业

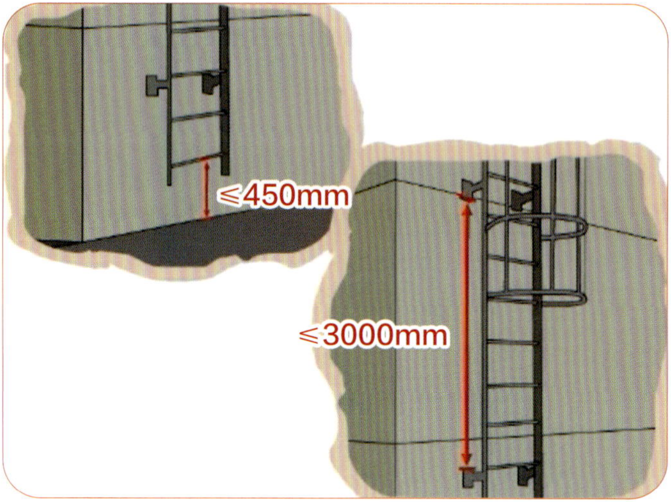

违章点 33 上爬梯没有进行逐档检查或双手同时抓握同一梯档

◎ 违章表现

不逐档检查或双手同时抓握同一梯档，若爬梯存在缺陷，在上下爬梯过程中，易造成人员高处坠落事故。

◎ 违章现场

◎ 依据

《安规》规定：厂房外墙和烟囱等处固定的爬梯，必须牢固可靠，2.4m以上部分应设有护圈，高100m以上的爬梯，中间应设有休息的平台，并应定期进行检查和维护。上爬梯必须逐档检查爬梯是否牢固，上下爬梯必须抓牢，不准两手同时抓一个梯档。

◎ 规范作业

违章点 34 在彩钢板屋面上施工未设警示牌

◎ 违章表现

在彩钢板、石棉瓦等轻型、简易结构的屋面上施工，未设置警示牌，人员误登造成人员坠落事故。

◎ 违章现场

◎ 依据

《安规》规定：禁止登在不坚固的结构上（如石棉瓦、彩钢板屋顶）进行工作。为了防止误登，应在这种结构的必要地点挂上警示牌。

◎ 规范作业

违章点 35 在屋顶的边沿进行工作，临空一面未装设安全网或防护栏杆

◎ 违章表现

在屋顶等危险的边沿进行工作，临空一面未装设安全网或防护栏杆，造成临空边缘作业人员失去安全防护，发生人员滑落等高坠事故。

◎ 违章现场

◎ 依据

《安规》规定：在坝顶、陡坡、屋顶、悬崖、杆塔、吊桥及其他危险的边沿进行工作时，临空一面应装设安全网或防护栏杆，否则，工作人员须使用安全带。

◎ 规范作业

扫码看课程